百搭简约风手编包

[日] 奥铃奈（Rena Oku）/ 著

虎耳草咩咩 / 译

中国纺织出版社有限公司

前言

本书中展示的包袋作品是由
日本编织作家奥铃奈（Rena Oku）精心设计的。
从便于日常使用的基础款，
到设计感很强的独特款式，
集合了众多实用且可爱的包袋。

编织方法原则上大多使用的都是
初学者也能轻松掌握的短针针法，
选用的线材十分质朴，
制成的成品密实耐用。

至于使用什么颜色的线，
制成多大的尺寸，或是添加哪些装饰元素……
请按照自己的喜好，尽情地发挥创造力吧！

目录 CONTENTS

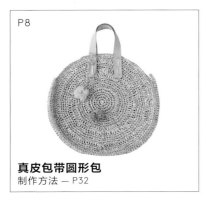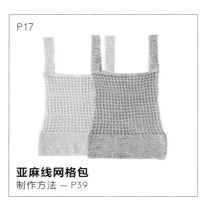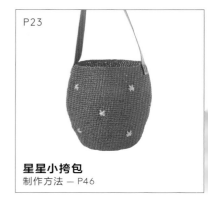

P24

双色方形包
制作方法 — P48

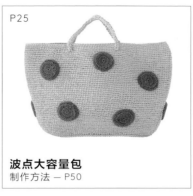

P25

波点大容量包
制作方法 — P50

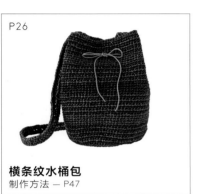

P26

横条纹水桶包
制作方法 — P47

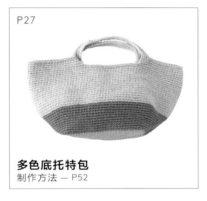

P27

多色底托特包
制作方法 — P52

P28

枣形花简洁包
制作方法 — P54

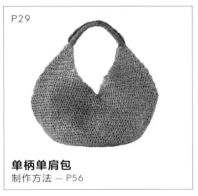

P29

单柄单肩包
制作方法 — P56

P30

花样编织水桶包
制作方法 — P55

P31

横条纹托特包
制作方法 — P58

P60
基础编织方法

真皮包带圆形包

圆圆的外形十分容易搭配服装，给人一种自然的清凉感。提手上吊挂的毛球如果用围巾来替代，也会很漂亮。

制作方法 — P32

球球装饰手拿包

两侧并排排列的球球可爱而独特。包身上随
意加上几何图形的花样，愈发显出雅致的感
觉，拿在手里或夹在腋下绝对会很酷。

制作方法 — P34

麻线大容量包

用麻线钩织的简洁款大容量包，既轻便又结实，十分适合日常使用。提手处缠绕的黄色线，成为令清爽感倍增的装饰。

制作方法 — P33

拼色托特包

侧面、边围、包底分别用不同颜色的线钩织，
然后将各部件缝合而成的包包。黄绿色搭配沉
稳的藏青色＋灰色，反差十足又十分和谐。

制作方法 — P36

混线大容量收纳篮

将棉草线和棉麻线混在一起钩织制作的自然风格的收纳篮。篮内放入物品就能立住,因而也十分适合作为室内装饰物。

制作方法 — P37

布提手圆底包

圆鼓鼓的包体上，缝合了非洲蜡染布制作的提手，是一款极具感染力的包包。想要简洁的感觉，也可将提手换成素色布或是条纹布。

制作方法 — P38

亚麻线网格包

有通透感的亚麻线网格包，时尚之处在于隐约看得到袋中的物品。将一边的提手穿过另一边变成单提手包来使用也可以。

制作方法 — P39

明暗色调大容量包

带有明暗对比几何花样的包包，是自夏入秋都可以使用的雅致设计。如能与夏季便装和谐搭配的话，会给人留下整洁清爽的整体印象。

制作方法 — P40

花样钩织手拿包

毫无多余装饰的简朴设计，凸显花样
美感的手拿包。使用带有光泽的棉草
线制作，制作过程也十分轻松。

制作方法 — P42

大号托特包

横长外形的时尚大号托特包。扁塌塌
的柔软质地，用来盛放轻质大件物品
十分方便。哪怕只是放在房间里也是
一幅美丽画卷。

制作方法 — P43

大容量布提手包

穿入亚麻布提手的大容量包，
亮点在于提手的打结处。包口
可以敞得很大，因而拿取物品
很方便，可以通过打结方式调
整提手的长度。

制作方法 — P44

星星小挎包

红色包身上刺绣了淡蓝色星星，是一个有着浓浓夏天感觉的花苞形小挎包。真皮包带给人留下沉稳的印象，即便是斜挎着也不会显得过于可爱。

制作方法 — P46

双色方形包

使用天然麻线制作的包包，将提手部分换成黑色，给人一种雅致的感觉。挂在提手上的皮质吊牌，是按喜好切割出外形并在上面盖印章而完成的手工制品。

制作方法 — P48

波点大容量包

将钩织好的圆形花片缝在包身上，制作成波点包包。虽是感染力较强的设计，但因配色比较含蓄，因而易于搭配，不挑着装。

制作方法 — P50

横条纹水桶包

这款轻便随性的横条纹水桶包，使用了藏青色 + 棕色的沉稳配色。棉草线自带的光泽也给人留下优雅的印象。

制作方法 — P47

多色底托特包

放在床上或椅子上看起来是灰色调的托特包，拎起来就会呈现出多彩的底部图案。特别适合在想要为着装添加少许装饰时使用。

制作方法 — P52

枣形花简洁包

这个包包由棉线钩织而成，触感柔软，外观
也很柔和。包身上凹凸有致的枣形花，营造
出复古的氛围。

制作方法 — P54

单柄单肩包

这是一款挎在肩头仿佛是为
自己量身定做般的单柄单肩
包。考究的外形和雅致的光
泽，只要背着就会散发出成熟
的气息。

制作方法 — P56

29

花样编织水桶包

由柔软棉线编织而成的圆鼓鼓的水桶包，
立体的格子花样很漂亮。为使包身不显
松垮，可以选用麻线钩织包底。

制作方法 — P55

横条纹托特包

横条纹花样托特包绝对是夏季的必备单品，书中的作品使用了极具吸引力的前卫色调。简洁的外形给了颜色搭配很多可能性。

制作方法 — P58

真皮包带圆形包

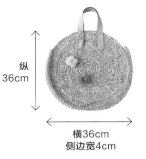

纵
36cm

横36cm
侧边宽4cm

〈 材料和工具 〉

线 ——— HAMANAKA eco-ANDARIA 棉草线 米黄色（168）、暗黄色（169）各130g
柠檬黄色（11）、蓝色（66）各10g
HAMANAKA AMAITO LINEN 30 亚麻线 黄绿色（106）少许

其他 ——— 宽2.8cm的真皮皮带88cm

针 ——— 8/0号钩针、缝合针、手缝针

钩织密度 —— 花样钩织 边长10cm的正方形 12.5针×10行

尺寸图

侧面 2片
（花样钩织）

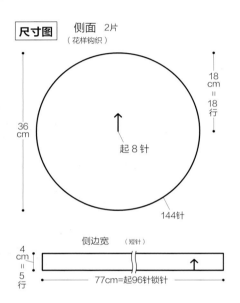

36cm

18cm = 18行

起8针

144针

侧边宽 （短针）

4cm = 5行

77cm=起96针锁针

完成方法

皮带（各44cm）两端用锥子打孔，
双股线
用（米黄色、暗黄色各1股）
合股缝合

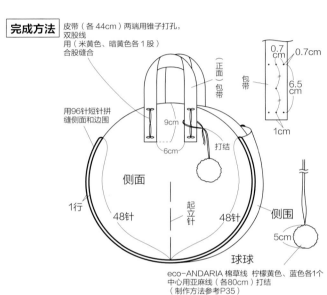

0.7cm 0.7cm

包带

6.5cm

1cm

用96针短针拼缝侧面和边围

9cm

6cm

（正面）包带

打结

侧面

1行

48针 起立针 48针

侧围

5cm

球球

eco-ANDARIA 棉草线 柠檬黄色、蓝色各1个
中心用亚麻线（各80cm）打结
（制作方法参考P35）

制作方法

线为双股线钩织（米黄色、
暗黄色各1股）。

1. 钩织侧面。将线头绕成环，在环
上钩1针锁针起立针和8针短针，
圈成环形。如图所示边加针
边圈钩花样至第18行。同
样的织片钩织2片。

2. 接着钩织边围。起96
针锁针，往返片钩5行
短针。

3. 用短针拼缝侧面和侧围。

4. 用皮带制作提手。

5. 制作球球装在提手上。

钩织图解

★
重复7次★部分
锁针相连
侧面

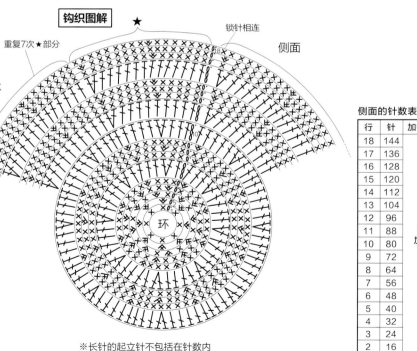

环

※长针的起立针不包括在针数内

侧面的针数表

行	针	加针方法
18	144	
17	136	
16	128	
15	120	
14	112	
13	104	
12	96	
11	88	每行加8针
10	80	
9	72	
8	64	
7	56	
6	48	
5	40	
4	32	
3	24	
2	16	
1	8	

麻线大容量包

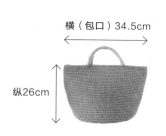
横（包口）34.5cm

纵26cm

〈材料和工具〉

线 —— HAMANAKA Coma coma 黄麻线 浅驼色（2）320g、芥末黄色（3）20g

针 —— 8/0号钩针、缝合针

钩织密度 —— 短针 边长10cm的正方形 13针×13.5行

尺寸图

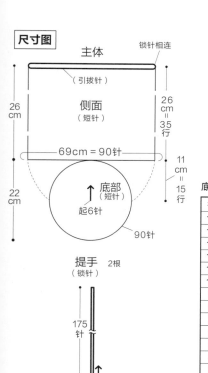

主体

锁针相连

（引拔针）

侧面
（短针）

26cm

26cm＝35行

69cm＝90针

11cm＝15行

22cm

底部（短针）

起6针

90针

提手 2根
（锁针）

175针

钩织图解

底部

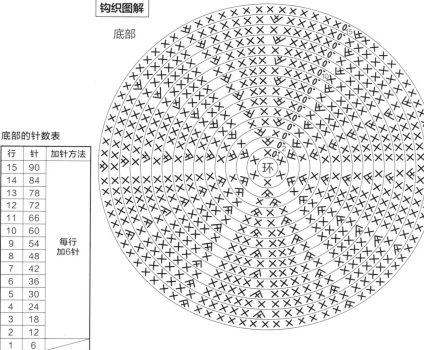

环

底部的针数表

行	针	加针方法
15	90	
14	84	
13	78	
12	72	
11	66	
10	60	
9	54	每行加6针
8	48	
7	42	
6	36	
5	30	
4	24	
3	18	
2	12	
1	6	

提手的制作方法

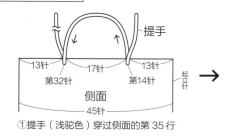

提手

13针　17针　13针

第32针　第14针

起立针

侧面

45针

①提手（浅驼色）穿过侧面的第35行

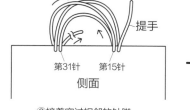

提手

第31针　第15针

侧面

②接着穿过相邻的针脚

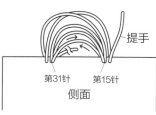

提手

第31针　第15针

侧面

③再次穿入相同位置

制作方法　用单股浅驼色线钩织。

1. 主体从底部开始钩织。线头绕成环，起1针锁针起立针和6针短针，圈成环形。如图所示边加针边圈钩至第15行。

2. 接着钩织侧面。不加减针地圈钩35行短针，最后钩织一圈引拔针。

3. 制作提手。

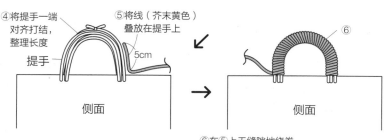

④将提手一端对齐打结，整理长度

提手

⑤将线（芥末黄色）叠放在提手上

5cm

⑥

侧面

⑥在⑤上无缝隙地绕卷

⑦留出15cm线头剪断，将线穿入缝针，穿入⑥3cm处，剪断多余的线

⑧另一侧的提手也按相同方法制作

球球装饰手拿包

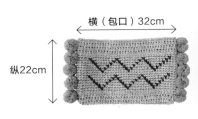

〈 材料和工具 〉

线 —— HAMANAKA eco-ANDARIA 棉草线 浅驼色（23）220g、
藏青色（57）20g、机缝线、手缝线

其他 —— 内袋用布料 32cm×44cm
长30cm的拉链 1根

针 —— 10/0号钩针、缝合针、机缝针、手缝针

钩织密度 —— 短针 边长10cm的正方形 11.5针×11.5行

尺寸图

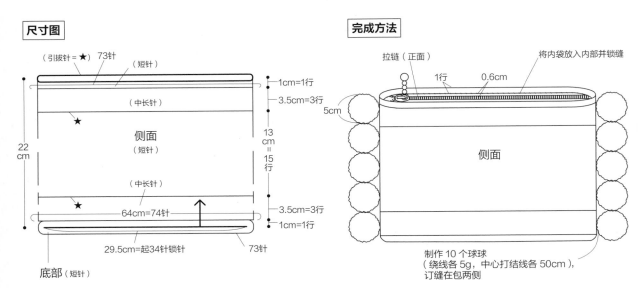

完成方法

底部（短针）

制作 10 个球球
（绕线各 5g，中心打结线各 50cm），
订缝在包两侧

钩织图解

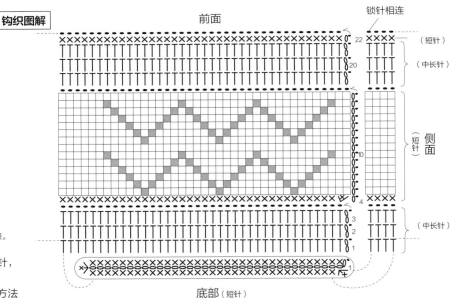

底部（短针）

制作方法 线为双股，按指定配色钩织。

1. 从底部开始钩织。起34针锁针，
   挑钩73针短针形成环状。

2. 接着钩织侧面。按指定钩织方法
   圈钩至22行，最后钩引拔针。

3. 制作安装球球和内袋。

■ =藏青色

□ =浅驼色

□ =×

后面均为浅驼色线钩织
引拔针行不计入行数内

34

内袋的制作方法

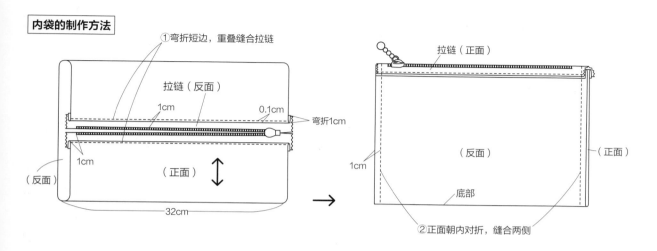

①弯折短边，重叠缝合拉链

拉链（反面）

拉链（正面）

1cm

0.1cm

弯折1cm

1cm

（正面）

32cm

（反面）

1cm

（反面）

（正面）

底部

②正面朝内对折，缝合两侧

球球的制作方法

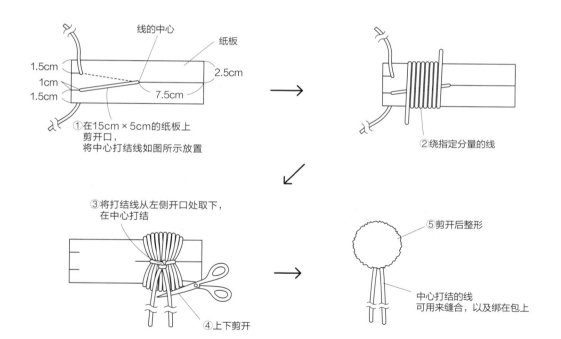

线的中心

纸板

1.5cm

1cm

1.5cm

2.5cm

7.5cm

①在15cm×5cm的纸板上
剪开口，
将中心打结线如图所示放置

②绕指定分量的线

③将打结线从左侧开口处取下，
在中心打结

④上下剪开

⑤剪开后整形

中心打结的线
可用来缝合，以及绑在包上

P12 **拼色托特包**

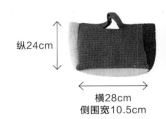

纵24cm

横28cm
侧围宽10.5cm

〈材料和工具〉

线 —— HAMANAKA AMAITO LINEN 30 亚麻线蓝色（108）250g
黄绿色（106）60g、亮灰色（103）、藏青色（109）各50g

针 —— 7/0号钩针、缝合针

钩织密度 —— 短针 边长10cm的正方形 17针×17行

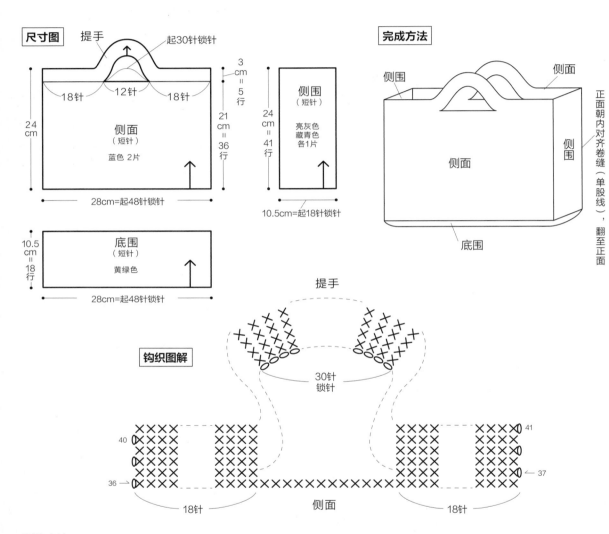

尺寸图

提手

起30针锁针

18针　12针　18针

3cm＝5行

21cm＝36行

24cm

侧面
（短针）

蓝色 2片

28cm＝起48针锁针

24cm＝41行

侧围
（短针）

亮灰色
藏青色
各1片

10.5cm＝起18针锁针

10.5cm＝18行

底围
（短针）

黄绿色

28cm＝起48针锁针

完成方法

侧围　侧面　侧面　侧围

侧面

侧围

底围

正面朝内对齐卷缝（单股线），翻至正面

钩织图解

提手

30针
锁针

40

41

36

37

18针　侧面　18针

制作方法　线为双股，按指定配色钩织。

1. 钩织侧面。起48针锁针，短针片钩36行。在第37行提手位置起30针锁针，钩至第41行。

2. 分别用锁针起针，短针往返片钩制作侧围和底围。

3. 缝合各部件。

混线大容量收纳篮

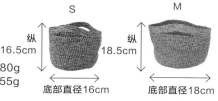

S
纵
16.5cm
底部直径16cm

M
纵
18.5cm
底部直径18cm

〈 材料和工具 〉

线 —— HAMANAKA eco-ANDARIA 棉草线 浅驼色（23） M 100g、S 80g
　　　HAMANAKA Flax C 棉麻线 M 蓝色（111）60g、S 红色（103）55g

针 —— 8/0号钩针、缝合针

钩织密度 —— 短针 边长10cm的正方形 14.5针×15.5行

尺寸图

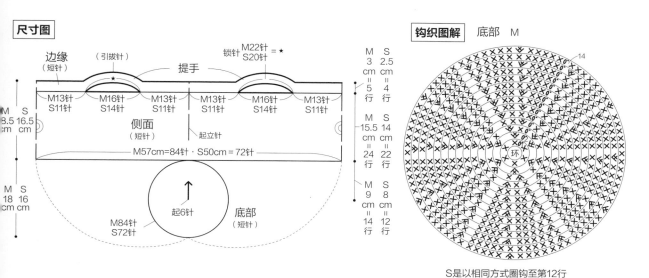

边缘（短针）　（引拔针）　提手　锁针 M22针＝★ S20针

M13针 S11针　M16针 S14针　M13针 S11针　M13针 S11针　M16针 S14针　M13针 S11针

侧面（短针）　起立针

M 18.5cm S 16.5cm

M57cm＝84针・S50cm＝72针

M 3cm＝5行 S 2.5cm＝4行
M 15.5cm＝24行 S 14cm＝22行
M 9cm＝14行 S 8cm＝12行

起6针　底部（短针）

M84针 S72针

钩织图解　底部　M

14

环

S是以相同方式圈钩至第12行

提手

M22针・S20针　M22针・S20针

M22针 S20针　M22针 S20针

接着在4（仅M）、引拔钩织在第3、2行内

M5・S4

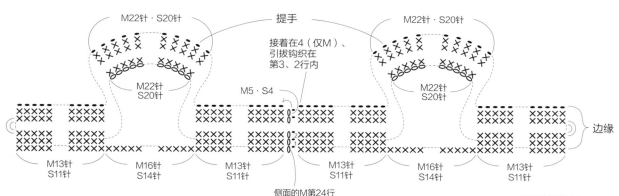

M13针 S11针　M16针 S14针　M13针 S11针　M13针 S11针　M16针 S14针　M13针 S11针

边缘

侧面的M第24行 S第22行

制作方法

线是用双股线（eco-ANDARIA和Flax C各1股）钩织。

1. 主体从底部开始钩织。将线头绕成环，钩1针锁针起立针和6针短针圈成环状。如图所示边加针边圈钩短针。

2. 侧面不加不减地钩织。

3. 钩织边缘和提手。提手是钩1行锁针起针，第2行开始挑针脚钩短针。最后如图所示钩织引拔针。

边缘引拔针的钩织方法

M　　　S

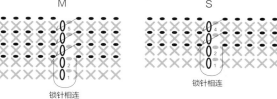

锁针相连　锁针相连

底部的针数表
※S是圈钩至第12行

行	针	加针方法
14	84	
13	78	
12	72	
11	66	
10	60	
9	54	每行加6针
8	48	
7	42	
6	36	
5	30	
4	24	
3	18	
2	12	
1	6	

P14 布提手圆底包

纵17.5cm

底部直径
15cm

〈材料和工具〉（单个用量）

线 —— HAMANAKA Coma coma 黄麻线 浅驼色（2）或芥末黄色（3）220g
机缝线、手缝线

其他 —— 边长50cm的正方形手帕（或是围巾、印花大手帕等）1块

针 —— 8/0号钩针、缝合针、机缝针、手缝针

钩织密度 —— 短针 边长10cm的正方形 15针×16行

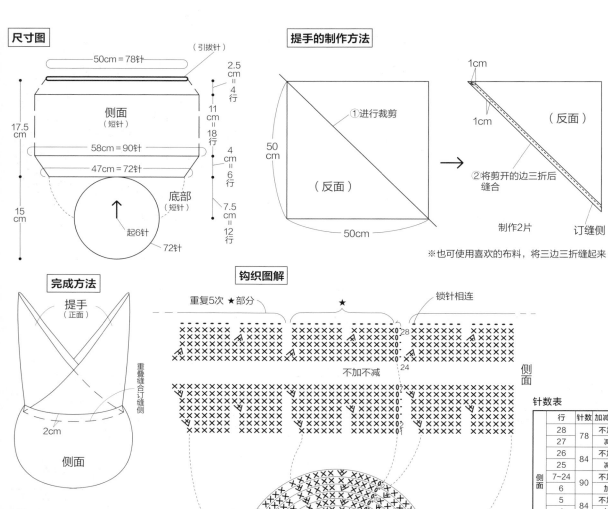

尺寸图

50cm = 78针
（引拔针）
2.5cm = 4行
侧面（短针）
11cm = 18行
17.5cm
58cm = 90针
47cm = 72针
4cm = 6行
底部（短针）
15cm
7.5cm = 12行
起6针
72针

提手的制作方法

①进行裁剪
50cm
（反面）
50cm

1cm
1cm
（反面）
②将剪开的边三折后缝合
订缝侧
制作2片

※也可使用喜欢的布料，将三边三折缝起来

完成方法

提手（正面）
重叠缝合订缝侧
2cm
侧面

钩织图解

重复5次 ★部分
★
锁针相连
不加不减
28
24
侧面
不加不减

底部

制作方法 线为单股钩织。

1. 钩织底部。将线头绕成环，钩织1针锁针起立针和6针短针圈成环状。如图所示加针圈钩短针至第12行。

2. 继续钩织侧面。加针圈钩6行，不加不减圈钩18行，减针圈钩4行，最后钩一圈引拔针。

3. 制作提手。

针数表

	行	针数	加减针方法
侧面	28	78	不加不减
	27		减6针
	26	84	不加不减
	25		减6针
	7~24	90	不加不减
	6		加6针
	5	84	不加不减
	4		加6针
	3	78	不加不减
	2		加6针
	1	72	不加不减
底	12	72	每行加6针
	11	66	
	10	60	
	9	54	
	8	48	
	7	42	
	6	36	
	5	30	
	4	24	
	3	18	
	2	12	
	1	6	

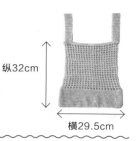

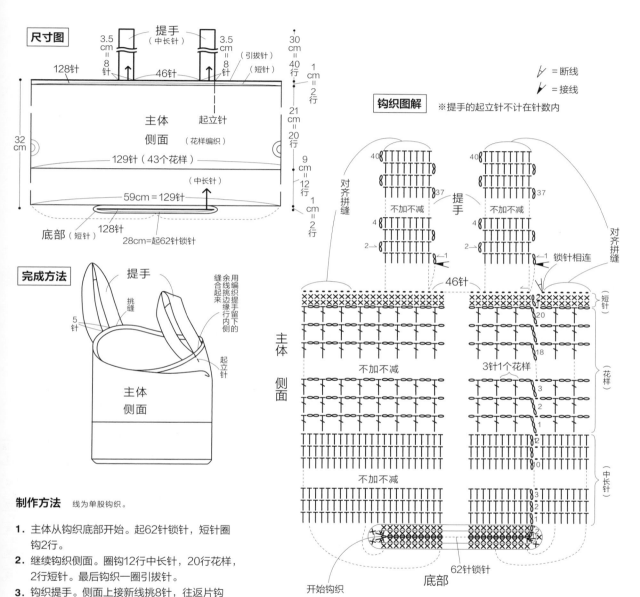

P17 亚麻线网格包

〈 材料和工具 〉（单个用量）

线———— HAMANAKA AMAITO LINEN 30 亚麻线　白色（101）或淡蓝色（104）150g

针———— 5/0号钩针、缝合针

钩织密度— 花样钩织　边长10cm的正方形　22针×9.5行

纵32cm

横29.5cm

尺寸图

128针

提手（中长针）

3.5cm=8针

3.5cm=8针

（引拔针）

（短针）

46针

起立针

主体
侧面（花样编织）

32cm

129针（43个花样）

（中长针）

底部（短针）

128针

59cm=129针

28cm=起62针锁针

30行

40行=1cm=2行

21cm=20行

9cm=12行

1cm=2行

完成方法

提手

挑缝

5针

起立针

主体
侧面

制作方法　线为单股钩织。

1. 主体从钩织底部开始。起62针锁针，短针圈钩2行。

2. 继续钩织侧面。圈钩12行中长针，20行花样，2行短针。最后钩织一圈引拔针。

3. 钩织提手。侧面上接新线挑8针，往返片钩40行中长针。钩完留20cm余线剪断，用余线将提手订缝在袋口的指定位置。

4. 钩织另一侧的提手。按与步骤3的同样方式钩织，订缝在距结束钩织处5针的地方。

= 断线

= 接线

钩织图解　※提手的起立针不计在针数内

对齐拼缝

40

不加不减

4

2

不加不减

提手

37

37

46针

1

1

对齐拼缝

锁针相连

主体　侧面

（短针）

20

18

不加不减

3针1个花样

2

1

（花样）

不加不减

12

10

3

2

1

（中长针）

62针锁针

开始钩织

底部

39

明暗色调大容量包

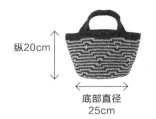

纵20cm

底部直径
25cm

〈 **材料和工具** 〉

线 —— HAMANAKA Coma coma 黄麻线 黑色（12）230g、米黄色（1）150g

针 —— 8/0号钩针、缝合针

钩织密度 —— 短针的花样钩织 边长10cm的正方形 13.5针×14.5行

尺寸图

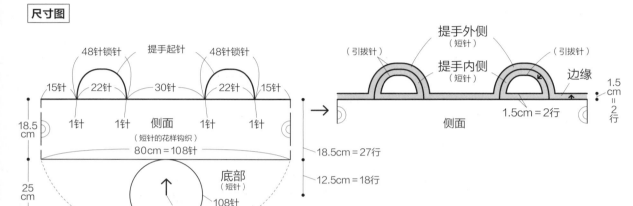

48针锁针　　提手起针　　48针锁针

15针　22针　　30针　　22针　15针

1针　　1针　　　　1针　　1针

侧面
（短针的花样钩织）

80cm＝108针

18.5cm

25cm

底部
（短针）

起6针　　108针

提手外侧
（短针）

提手内侧
（短针）

（引拔针）　　　　　　　（引拔针）

边缘

1.5cm＝2行

侧面

1.5cm＝2行

18.5cm＝27行

12.5cm＝18行

制作方法 线为单股，按指定配色钩织。

1. 主体从底部开始钩织。将线头绕成环，钩织1针锁针起立针和6针短针，圈成环状。每行换色，如图所示边加针边圈钩至第18行。

2. 接着继续钩织侧面。短针的花样圈钩至第27行后，暂停下不钩。

3. 钩织提手的起针行。在侧面接新线钩织48针锁针，引拔在指定的位置上。

4. 钩织提手内侧。从起针处开始，如图所示挑针钩织。减针圈钩2行短针，最后钩1圈引拔针。

5. 按步骤3、4的同样方法钩织另一侧的提手内侧。

6. 钩织边缘和提手外侧。用步骤2停下不钩的线减针圈钩2行短针，最后钩一圈引拔针。

钩织图解 底部

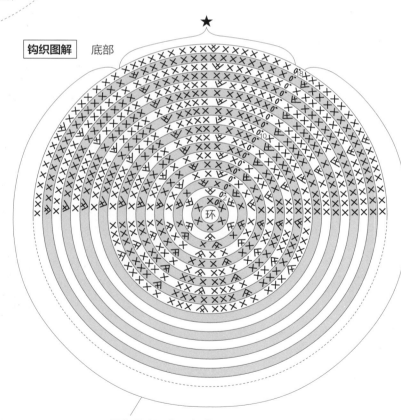

重复钩织5次★部分

底部的针数表

行	针数	加针方式
18	108	
17	102	
16	96	
15	90	
14	84	
13	78	
12	72	
11	66	每行加6针
10	60	
9	54	
8	48	
7	42	
6	36	
5	30	
4	24	
3	18	
2	12	
1	6	

提手

外侧

内侧

17针锁针

17针锁针

锁针相连

提手内侧

提手内侧

锁针相连

锁针相连

边缘

15针　提手起针

22针　提手起针

30针　提手起针

22针　提手起针

15针

侧面第27行

侧面

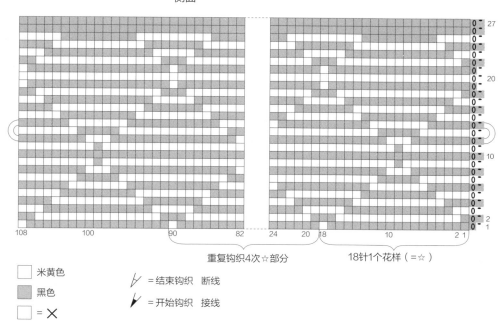

108　100　90　82　24　20　18　10　2　1

27

20

10

2　1

重复钩织4次☆部分

18针1个花样（ =☆）

□ 米黄色

■ 黑色

□ = ✕

↗ = 结束钩织　断线

↗ = 开始钩织　接线

41

花样钩织手拿包

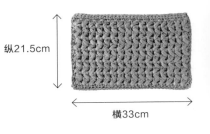

纵21.5cm

横33cm

〈**材料和工具**〉

线 —— HAMANAKA eco-ANDARIA 棉草线　蓝色（66）220g
机缝线、手缝线

其他 —— 内袋用布料 32cm×43cm
长30cm的拉链 1根

针 —— 10/0号钩针、7/0号钩针、缝合针、机缝针、手缝针

钩织密度 —— 花样钩织　边长10cm的正方形　3.2个花样（15.5针）×5.6行

尺寸图

侧面　2片

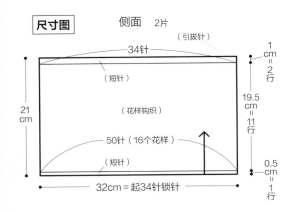

（引拔针）

34针

（短针）

1
cm
=
2
行

21
cm

（花样钩织）

19.5
cm
=
11
行

50针（16个花样）

（短针）

0.5
cm
=
1
行

32cm＝起34针锁针

完成方法

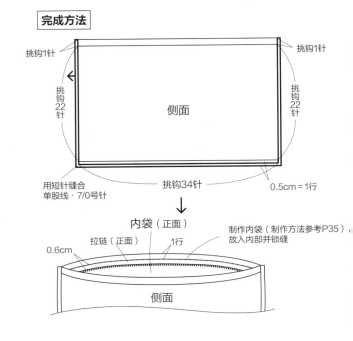

挑钩1针

挑钩1针

挑钩22针

侧面

挑钩22针

0.5cm＝1行

用短针缝合
单股线·7/0号针

挑钩34针

内袋（正面）

0.6cm

拉链（正面）

1行

制作内袋（制作方法参考P35），
放入内部并锁缝

侧面

钩织图解

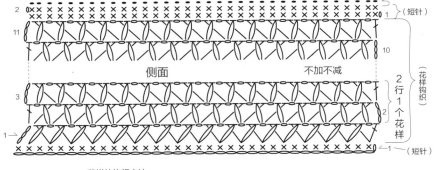

（短针）

侧面

不加不减

（花样钩织）

2行1个花样

（短针）

花样的钩织方法

☒ ＝ ☒　钩1针长针，3针中长针的枣形
针（长针被枣形针压在下面。
☒ ＝ ☒　第2行以后是将上一行的锁针
整束挑起钩织。）

制作方法

线除特别指定外，均为双股，
用10/0号针钩织。

1. 从底部开始钩织侧面。起
34针锁针按短针、花样钩
织、短针的顺序片钩，最
后钩引拔针。相同织片钩
织2片。

2. 对齐2片侧面，包口处接
新线，在两侧和底部钩织
短针，拼缝在一起。

3. 制作并缝合内袋。

〈 材料和工具 〉

线 ——————— HAMANAKA eco-ANDARIA 棉草线 苔绿色（61）430g

其他 —————— 直径1.5mm的皮绳1m

针 ————————— 10/0号钩针、缝合针

钩织密度 —— 短针 边长10cm的正方形 13针×14行

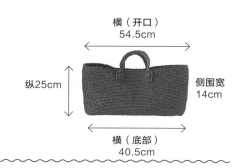

横（开口）
54.5cm

纵25cm

侧围宽
14cm

横（底部）
40.5cm

尺寸图 主体

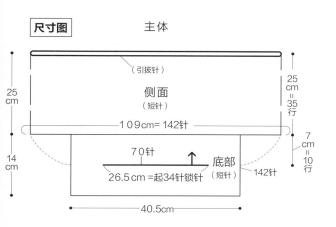

（引拔针）

侧面
（短针）

25cm
25 = 35行
cm

109cm= 142针

70针
底部
26.5 cm =起34针锁针 （短针）
142针

7 = 10行
cm

14cm

40.5cm

提手 2个

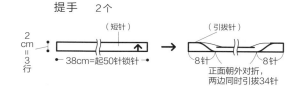

2cm = 3行

（短针）
38cm=起50针锁针

（引拔针）

8针 8针

正面朝外对折，
两边同时引拔34针

完成方法

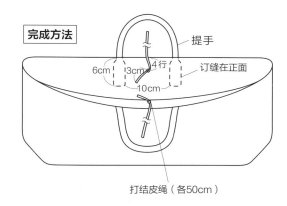

提手

6cm 3cm 4行
10cm

订缝在正面

打结皮绳（各50cm）

钩织图解 底部

∨ = ⩔   ／= 断线
↓ = ⩔   ∕ = 接线

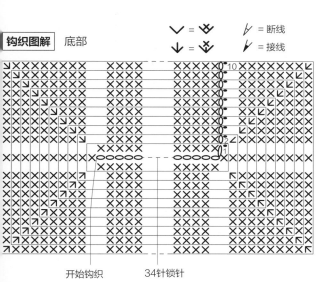

10

1

开始钩织   34针锁针

底部的针数表

行	针数	加针方法
10	142	
9	134	
8	126	
7	118	
6	110	每行
5	102	加8针
4	94	
3	86	
2	78	
1	70	

边缘引拔针的钩织方法

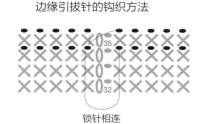

35

32

锁针相连

制作方法 线为双股钩织。

1. 主体从底部开始钩织。起34针锁针，圈钩10行短针。

2. 接着钩织侧面。短针钩至第35行，最后钩2圈引拔针。

3. 钩织提手。起50针锁针，短针往返片钩3行。钩织1圈引拔针，正面朝外对折，在两边针脚内同时入针钩引拔针。

4. 安装皮绳。

提手

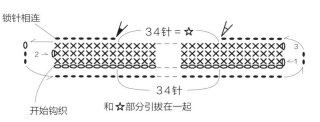

锁针相连

0

2

34针 = ☆

34针

3

1

开始钩织   和☆部分引拔在一起

大容量布提手包

横（开口）37cm

纵21cm

〈 材料和工具 〉

线 —————— HAMANAKA Coma coma 黄麻线 浅驼色（2）240g
机缝线、手缝线

其他 —————— 提手用麻布48cm×80cm

针 —————— 8/0号钩针、缝合针、机缝针、手缝针

钩织密度 —— 短针 边长10cm的正方形 15.5针×16行

尺寸图

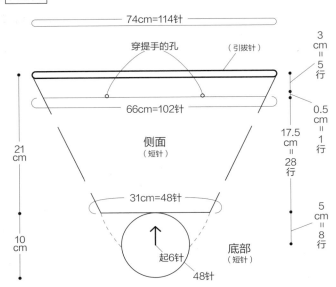

74cm=114针

穿提手的孔 （引拔针）

66cm=102针

3cm=5行

0.5cm=1行

17.5cm=28行

侧面
（短针）

21cm

31cm=48针

底部
（短针）

10cm

起6针

48针

5cm=8行

提手的制作方法

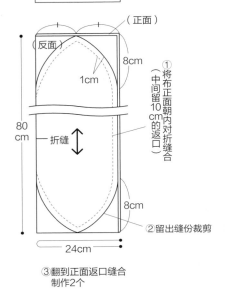

（正面）

（反面）

1cm

8cm

80cm

折缝

8cm

24cm

①将布正面朝内对折缝合（中间留10cm的返口）

②留出缝份裁剪

③翻到正面返口缝合
制作2个

完成方法

提手（正面）

侧面

穿过提手打结

制作方法 线用单股钩织。

1. 从底部开始钩织。将线头绕
   成环，钩织1针锁针的起立
   针和6针短针，圈成环状。
   边加针边圈钩至第8行。

2. 接着继续钩织侧面。边加针
   边圈钩至第34行，在第29
   行开提手穿孔。最后钩织引
   拔针。

3. 制作2个提手，穿过穿孔
   打结。

钩织图解

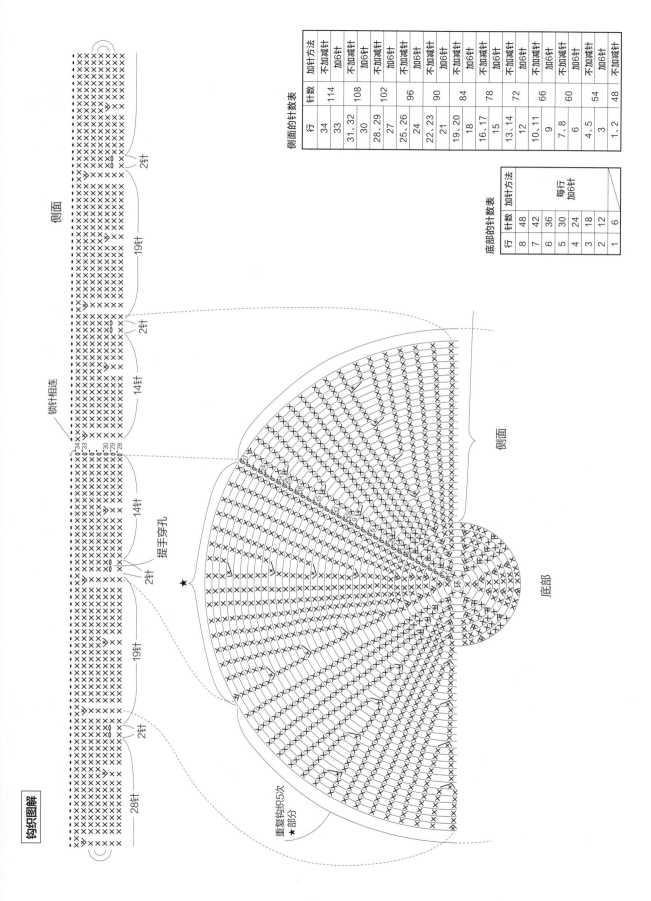

侧面

2针

19针

2针

锁针相连

14针

14针

2针

提手穿孔

2针

19针

2针

28针

重复钩织5次
★部分

★

底部

环

侧面

侧面的针数表

行	针数	加针减针方法
34	114	不加减针
33		加6针
31、32	108	不加减针
30		加6针
28、29	102	不加减针
27		加6针
25、26	96	不加减针
24		加6针
22、23	90	不加减针
21		加6针
19、20	84	不加减针
18		加6针
16、17	78	不加减针
15		加6针
13、14	72	不加减针
12		加6针
10、11	66	不加减针
9		加6针
7、8	60	不加减针
6		加6针
4、5	54	不加减针
3		加6针
1、2	48	不加减针

底部的针数表

行	针数	加针方法
8	48	
7	42	
6	36	
5	30	每行加6针
4	24	
3	18	
2	12	
1	6	

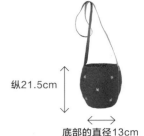

P23 星星小挎包

〈 材料和工具 〉

线 ——— HAMANAKA eco-ANDARIA 棉草线 红色（7）120g、淡蓝色（41）10g

其他 ——— 宽2cm的皮带1.2m

针 ——— 6/0号钩针、缝合针、手缝针

钩织密度 ——— 短针 边长10cm的正方形 21针×21.5行

纵21.5cm

底部的直径13cm

尺寸图

40cm = 84针 （引拔针）

侧面（短针）

8 = 17行

4 cm = 9行

21.5 cm

51cm = 108针

9.5 cm = 20行

40cm = 84针

6.5 cm = 14行

起6针

底部（短针）

13 cm

84针

侧面的针数表

行	针数	加减针方法
46	84	不加不减
45		减6针
41~44	90	不加不减
40		减6针
36~39	96	不加不减
35		减6针
31~34	102	不加不减
30		减6针
21~29	108	不加不减
20		加6针
16~19	102	不加不减
15		加6针
11~14	96	不加不减
10		加6针
6~9	90	不加不减
5		加6针
1~4	84	不加不减

完成方法

皮带（正面）

10行

3cm

起立针

10行

1.5cm 1.5cm

10行

1cm
2cm
0.5cm 0.5cm

在皮带的两端开孔，用单股红线缝合

平衡分布12处刺绣的位置

刺绣图案

淡蓝色单股线

10入4入 6入12入
8入2入 1出7出
5出 3出9出
11出

制作方法 线为红色单股钩织。

1. 从底部开始钩织。将线头绕成环，钩织1针锁针起立针和6针短针，圈成环形。如图所示加针圈钩短针至第14行。

2. 接着继续钩织侧面。加针圈钩20行短针，不加不减钩9行，再减针圈钩17行短针。最后钩织一圈引拔针。

3. 进行刺绣，安装皮带。

钩织图解

重复钩织5次★部分

锁针相连

不加不减针

侧面

底部

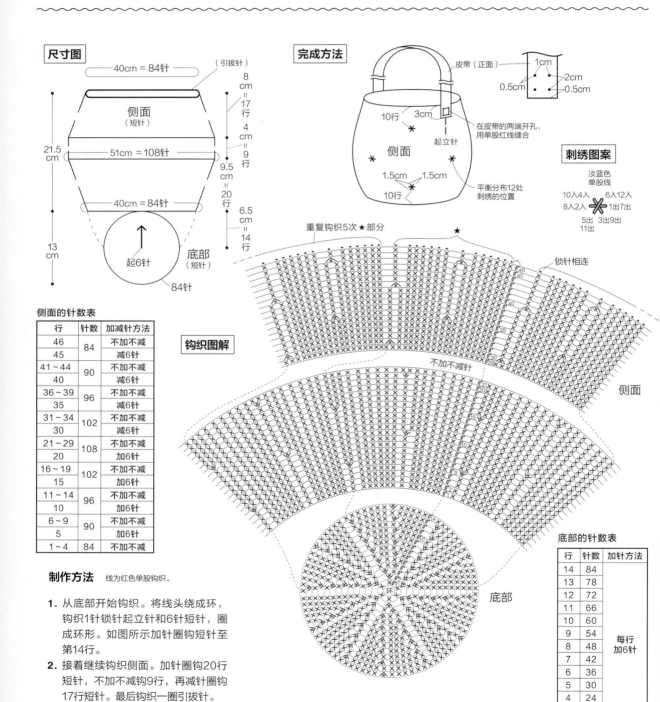

底部的针数表

行	针数	加针方法
14	84	
13	78	
12	72	
11	66	
10	60	
9	54	
8	48	
7	42	每行加6针
6	36	
5	30	
4	24	
3	18	
2	12	
1	6	

46

横条纹水桶包

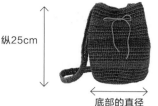

〈 材料和工具 〉

线 —— HAMANAKA eco-ANDARIA 棉草线 棕色（55）110g、藏青色（72）50g

其他 —— 直径0.2cm的皮绳1m

针 —— 7/0号钩针、缝合针

钩织密度 —— 短针（主体）边长10cm的正方形 16.5针×19行

尺寸图

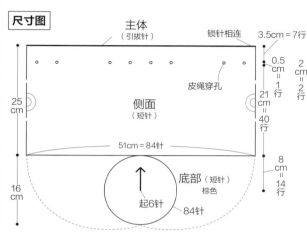

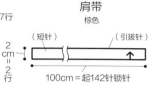

完成方法

编织图解

肩带

底部的针数表

行	针数	加针方法
14	84	
13	78	
12	72	
11	66	
10	60	
9	54	
8	48	每行加6针
7	42	
6	36	
5	30	
4	24	
3	18	
2	12	
1	6	

侧面的配色表

行	颜色	行	颜色
22	棕色	48	棕色
21	藏青色	47	藏青色
20	棕色	46	棕色
19	藏青色	45	藏青色
18	藏青色	44	藏青色
17	藏青色	43	藏青色
16	棕色	42	棕色
15	藏青色	41	藏青色
10~14	棕色	36~40	棕色
9	藏青色	35	藏青色
8	棕色	34	棕色
7	藏青色	33	藏青色
6	棕色	32	棕色
5	藏青色	31	藏青色
4	棕色	30	棕色
3	藏青色	29	藏青色
2	棕色	28	棕色
1	藏青色	23~27	藏青色

皮绳穿孔的开孔方法

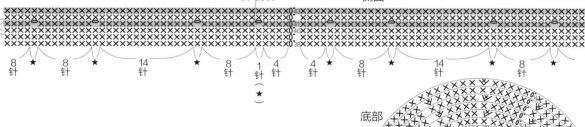

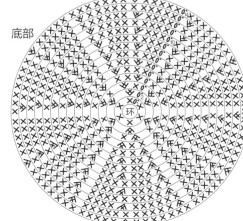

底部

制作方法 线为单股，按指定配色钩织。

1. 从底部开始钩织主体。将线头绕成环，钩织1针锁针的起立针和6针短针，圈成环状。如图所示加针圈钩短针至第14行。

2. 接着圈钩40行侧面。第41行开皮绳穿孔，再圈钩7行，最后钩织一圈引拔针。

3. 钩织肩带。起142针锁针，往返片钩2行短针。最后钩织一圈引拔针。

4. 缝合肩带，绕皮带孔缝合一圈。

双色方形包

横（包口）33.5cm

〈 材料和工具 〉

线 ———— HAMANAKA Coma coma 黄麻线 浅驼色（2）210g、黑色（12）75g

其他 ———— 吊牌皮革约5.5cm×8cm
直径0.3cm的皮绳28cm
直径0.8cm的圆形开口圈1个
印章和印台

针 ———— 8/0号钩针、缝合针

钩织密度 — 短针（片钩） 边长10cm的正方形 12.5针×12.5行
（圈钩） 边长10cm的正方形 12.5针×15.5行

纵25cm

（底部）24cm
侧围宽9.5cm

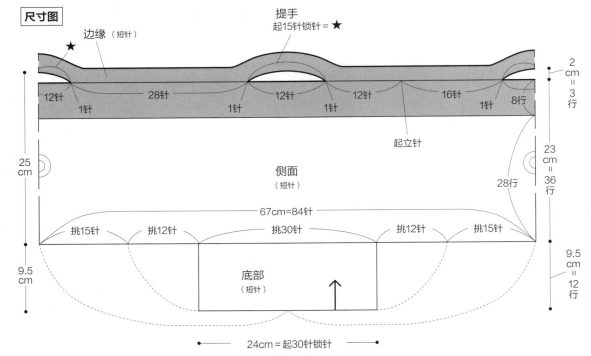

尺寸图

边缘（短针）

提手
起15针锁针＝★

★

12针　　28针　　12针　　12针　　16针　　8行
1针　　　1针　　1针　　1针　　2cm=3行

起立针

25cm

侧面
（短针）

28行

23cm=36行

67cm=84针

挑15针　挑12针　　挑30针　　挑12针　挑15针

9.5cm

底部
（短针）

9.5cm=12行

24cm＝起30针锁针

制作方法　线为单股，按指定配色钩织。

1. 从底部开始钩织。起30针锁针，短针
往返片钩12行。

2. 接着继续钩织侧面。从底部的四周挑
84针，用浅驼色圈钩28行短针，黑色
圈钩8行短针，停下暂不钩。

3. 在2处提手位置分别接新线，起15针
锁针。

4. 用步骤2停下不钩的线沿边缘和提手钩
织3行短针，最后钩织一圈引拔针。

5. 制作吊牌，安装在提手上。

完成方法

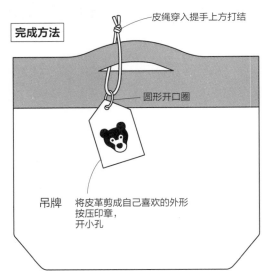

皮绳穿入提手上方打结

圆形开口圈

吊牌　将皮革剪成自己喜欢的外形
按压印章，
开小孔

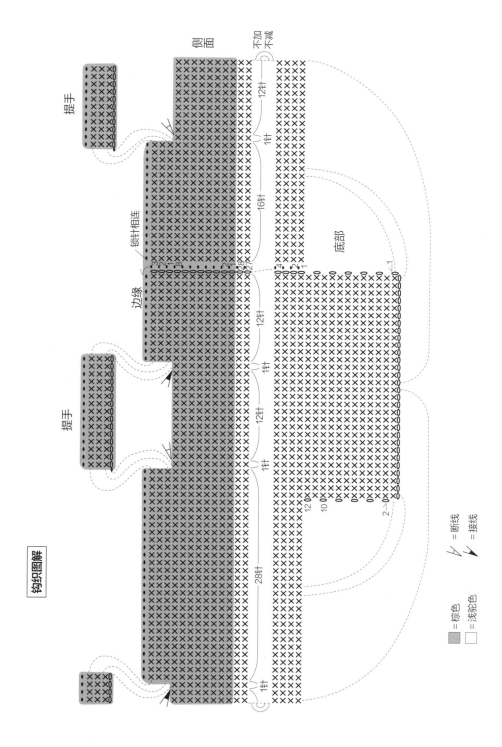

钩织图解

提手

提手

提手

侧面

底部

边缘

锁针相连

不加
不减

12针

1针

16针

28针

1针

12针

1针

12针

28针

27针

1针

12针

10针

2～0针

■ =棕色
□ =浅驼色

⟋ =断线
⟍ =接线

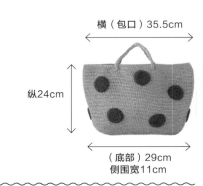

横（包口）35.5cm

纵24cm

（底部）29cm
侧围宽11cm

波点大容量包

〈 材料和工具 〉

线 ── HAMANAKA eco-ANDARIA 棉草线　浅米色（42）210g
　　　 HAMANAKA WASH COTTON 棉涤线　灰色（39）15g
　　　 手缝线

针 ── 10/0号钩针、6/0号钩针、4/0号钩针、缝合针、手缝针

钩织密度 ── 短针（eco-ANDARIA　单股线）　边长10cm的正方形　18针×21.5行

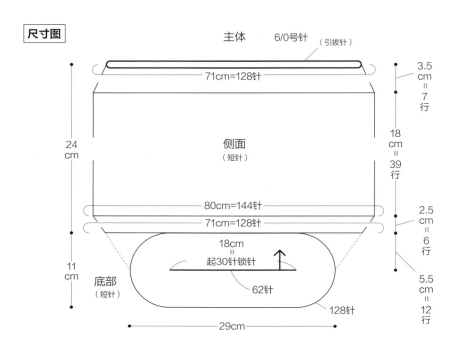

尺寸图

主体　　6/0号针　（引拔针）

71cm=128针

侧面
（短针）

24 cm

80cm=144针
71cm=128针

18cm
=
起30针锁针

62针

底部
（短针）

128针

29cm

11 cm

3.5 cm = 7 行

18 cm = 39 行

2.5 cm = 6 行

5.5 cm = 12 行

制作方法　线除指定外，均用单股eco-ANDARIA钩织。

1. 从底部开始钩织主体。起30针锁针，挑62针短针圈成环状。加针圈钩至第12行。

2. 接着钩织侧面。加针钩圈6行短针，不加不减钩圈39行，减针圈钩7行。最后钩一圈引拔针。从侧面和底部之间挑针钩织短针。

3. 钩织提手。开始钩织处留20cm线头钩36针短针，在里山上钩织引拔针。

4. 钩织花片。将线头绕成环，钩织1针起立针和12针短针，圈成环形。如图所示加针圈钩3行。相同织片钩12个。

5. 将提手和花片安装在主体上。

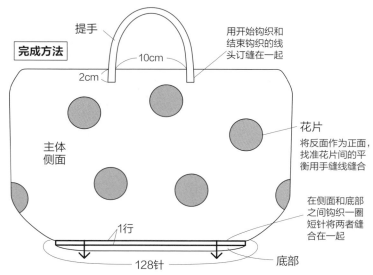

提手

10cm

2cm

完成方法

用开始钩织和结束钩织的线头订缝在一起

花片
将反面作为正面，找准花片间的平衡用手缝线缝合

主体
侧面

在侧面和底部之间钩织一圈短针将两者缝合在一起

1行

128针

底部

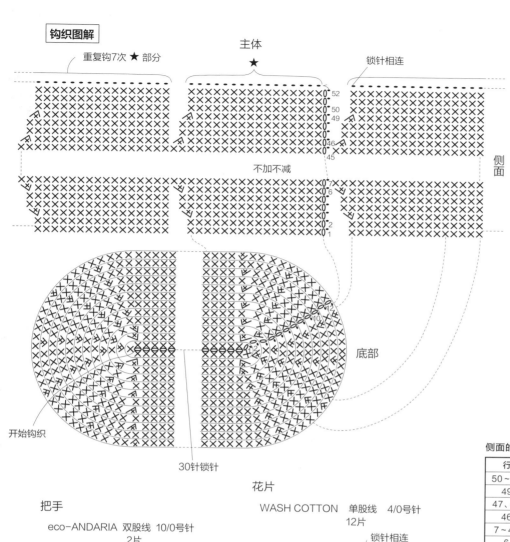

钩织图解

重复钩7次 ★ 部分

主体

★

锁针相连

侧面

不加不减

开始钩织

30针锁针

花片

把手

eco-ANDARIA 双股线 10/0号针
2片

在锁针的里山上钩引拔针

1 cm

25cm
=起36针锁针

WASH COTTON 单股线 4/0号针
12片

锁针相连

环

5 cm

2.5 cm = 3 行

侧面的针数表

行	针数	加减针方法
50～52	128	不加不减
49		减8针
47、48	136	不加不减
46		减8针
7～45	144	不加不减
6		加8针
4、5	136	不加不减
3		加8针
1、2	128	不加不减

底部的针数表

行	针数	加针方法
12	128	
11	122	
10	116	
9	110	
8	104	
7	98	每行加6针
6	92	
5	86	
4	80	
3	74	
2	68	
1	62	

花片的针数表

行	针数	加针方法
3	36	每行加12针
2	24	
1	12	

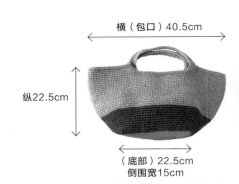

横（包口）40.5cm

纵22.5cm

（底部）22.5cm
侧围宽15cm

P27 多色底托特包

〈 材料和工具 〉

线 ——— HAMANAKA Coma coma 黄麻线 亮灰色（13）200g、
蓝色（5）100g、芥末黄色（3）40g
HAMANAKA AMAITO LINEN 30 亚麻线 粉色（105）20g

针 ——— 8/0号钩针、缝合针

钩织密度 —— 短针 边长10cm的正方形 14针×16行

尺寸图

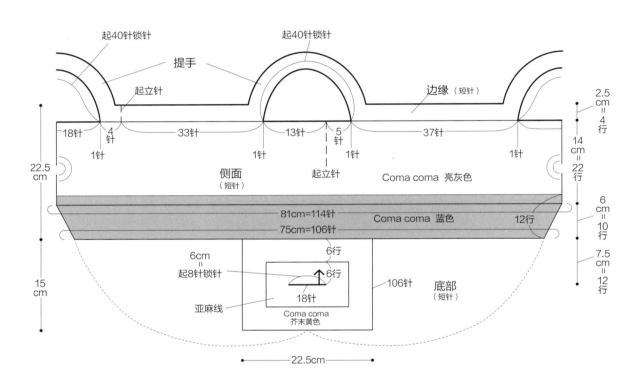

制作方法 Coma coma 黄麻线为单股、亚麻线为双股，按指定配色钩织。

1. 从底部开始钩织主体。钩织8针锁针起针，挑钩18针
短针形成环状，加针圈钩至第12行。

2. 接着钩织侧面。加针圈钩10行短针，不加不减钩22行，
将线收尾。

3. 钩织边缘和提手。接新线，在提手位置边起针边钩4行短针。

钩织图解

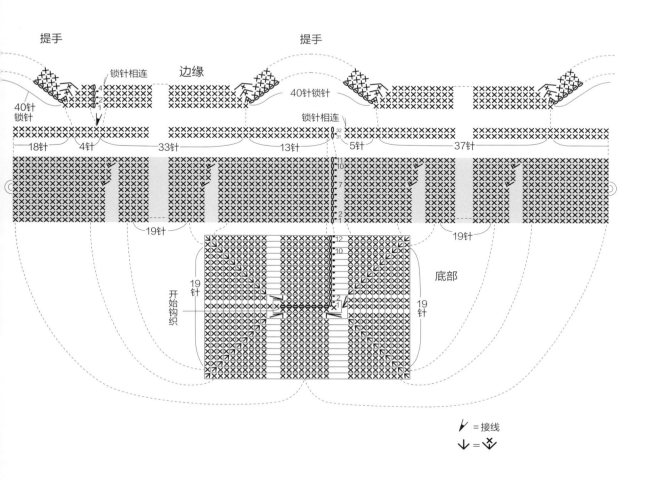

提手　　　　　　提手

锁针相连　　边缘

40针
锁针　　　40针锁针

锁针相连

18针　4针　　33针　　13针　5针　　37针

19针　　　　　　19针

底部

开始钩织　　19针　　　19针

= 接线

=

底部的针数表

行	针数	加针方法
12	106	
11	98	
10	90	
9	82	
8	74	
7	66	每行加8针
6	58	
5	50	
4	42	
3	34	
2	26	
1	18	

侧面的针数表

行	针数	加针方法
11~32	114	不加减针
10		加4针
8、9	110	不加减针
7		加4针
1~6	106	不加减针

枣形花简洁包

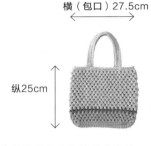

横（包口）27.5cm

〈 **材料和工具** 〉

线 ———— HAMANAKA Paume 棉线（彩土染） 紫水晶·紫色（44）125g
巴厘岛·亮灰色（45）50g
HAMANAKA Reverie 混纺线 蓝色（9）15g

针 ———— 8/0号钩针、缝合针

钩织密度 —— 花样钩织 边长10cm的正方形 13针×9.5行

纵25cm

尺寸图

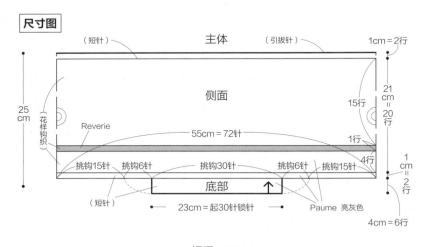

（短针） 主体 （引拔针） 1cm=2行

侧面

15行 21cm=20行

25cm 花样钩织 Reverie 55cm=72针 1行 4行 1cm=2行

挑钩15针 挑钩6针 挑钩30针 挑钩6针 挑钩15针

（短针） 底部 ↑ Paume 亮灰色

23cm=起30针锁针 4cm=6行

提手 2个

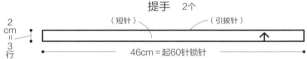

2cm=3行 （短针） （引拔针）

46cm=起60针锁针

完成方法

订缝在包口的短针部分处 提手

9cm

侧面

制作方法

线为双股线，
除特别指定外，均用Paume 紫色棉线钩织。

1. 从底部开始钩织主体。起30针锁针，
往返片钩2行短针。

2. 接着钩织侧面。从底部的四周挑钩72
针成环状，按短针、花样钩织、短针
的顺序圈钩。最后钩一圈引拔针。

3. 钩织提手。起60针锁针，往返片钩3
行短针，最后钩织一圈引拔针。

4. 将提手安装在主体上。

钩织图解

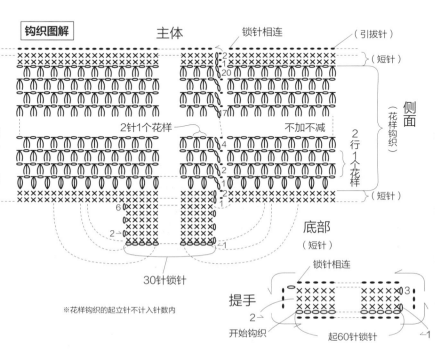

主体 锁针相连 （引拔针）
（短针）

2针1个花样 不加不减

侧面（花样钩织）

2行1个花样

（短针）

底部（短针）

30针锁针

※花样钩织的起立针不计入针数内

提手 锁针相连

开始钩织 起60针锁针

花样编织水桶包

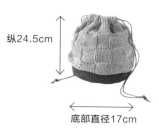

纵24.5cm

底部直径17cm

〈材料和工具〉

线 —— HAMANAKA Coma coma 黄麻线 棕色（15）80g
　　　HAMANAKA Paume 棉线（无垢棉） 米黄色（81）80g

其他 —— 直径2.5cm的皮绳 2m

针 —— 10号60cm环针、8/0号钩针、缝合针

钩织密度 —— 花样钩织 边长10cm的正方形 15.5针×21行
　　　　　　短针 边长10cm的正方形 15.5针×16.5行

尺寸图

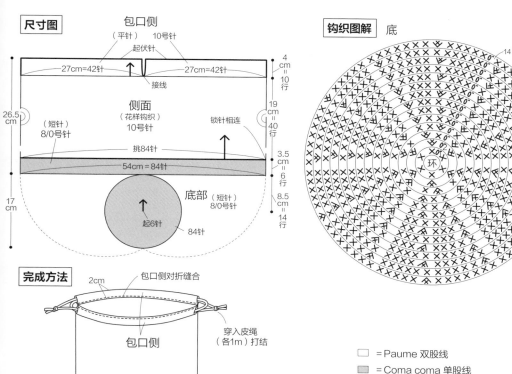

完成方法

钩织图解 底

底部的针数表

行	针数	加针方法
14	84	
13	78	
12	72	
11	66	
10	60	
9	54	每行
8	48	加6针
7	42	
6	36	
5	30	
4	24	
3	18	
2	12	
1	6	

□ = Paume 双股线
▨ = Coma coma 单股线
□ = ⊡

制作方法 线为指定股数，按配色钩织。

1. 从底部开始钩织。用线头绕成环，钩织1
   针锁针起立针和6针短针，圈成环状。如
   图所示加针圈钩14行短针。

2. 接着钩织侧面。圈钩6行短针。将线收尾，
   用钩针将新线边带出边挑84针。按花样圈
   织到第40行。

3. 编织包口。从侧面继续织42针平针，往返
   编织10行，伏针收针。侧面剩余的42针接
   新线，同样也织平针，伏针收针。

4. 在缝合针上穿单股Paume线，将包口侧
   对折缝合。穿入皮绳打结。

侧面（花样钩织）

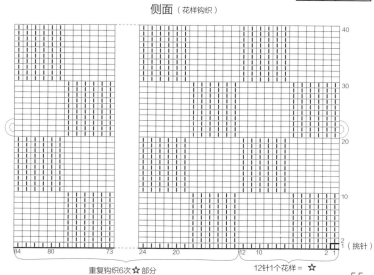

重复钩织6次☆部分

12针1个花样 = ☆

单柄单肩包

纵25cm
（从底部中心到
包口中心）

横40cm

〈 材料和工具 〉

线 —————— HAMANAKA eco-ANDARIA 棉草线　金棕色（172）180g
　　　　　　　　　奶咖色（159）20g

其他 —————— HAMANAKA　圆形磁搭扣
　　　　　　　　　Antique（H-206-041-3）直径1.8cm 1对

针 —————— 10/0号钩针、7/0号钩针　缝合针

钩织密度 —— 中长针（7/0号钩针·圈钩）　边长10cm的正方形　15针×14行

尺寸图

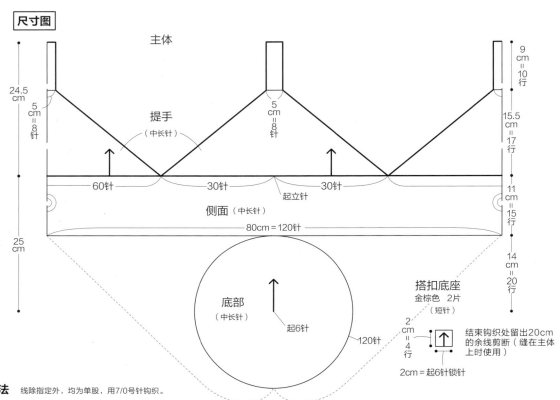

主体

提手
（中长针）

侧面（中长针）

24.5 cm

5 cm = 8针

60针　　30针　30针

起立针

80cm＝120针

25 cm

底部
（中长针）

起6针

120针

9 cm = 10行

15.5 cm = 17行

11 cm = 15行

14 cm = 20行

搭扣底座
金棕色　2片
（短针）

2 cm = 4行

2cm＝起6针锁针

结束钩织处留出20cm
的余线剪断（缝在主体
上时使用）

制作方法　线除指定外，均为单股，用7/0号针钩织。

1. 从底部开始钩织主体。线头绕成环，钩织
1针锁针起立针和6针短针，圈成环状。如
图所示加针圈钩中长针至第20行。

2. 接着钩织侧面，不加不减针圈钩15行，断
线收尾。

3. 往返片钩提手。在指定位置上接新线，减
针钩织17行，不加不减针钩织10行。另
一侧也同样地钩织。

4. 拼缝提手钩织结尾处。

5. 钩36针短针包钩提手。

6. 钩织搭扣底座。起6针锁针，片钩4行
短针。

7. 将搭扣安装在搭扣底座上，底座缝合在主
体的内侧。

完成方法

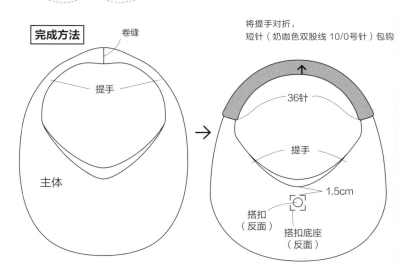

卷缝

提手

主体

将提手对折，
短针（奶咖色双股线 10/0号针）包钩

36针

提手

1.5cm

搭扣
（反面）

搭扣底座
（反面）

钩织图解

※起立针不包含
在针数内

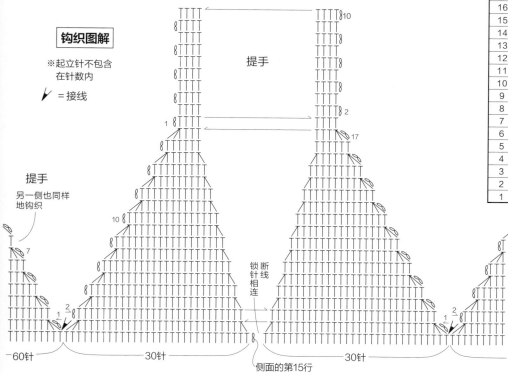

提手

提手

另一侧也同样
地钩织

7

10

1

2

17

锁断针线相连

侧面的第15行

—60针—   —30针—   —30针—

提手的针数表

行	针数	减针方法
17	8	减4针
16	12	无减针
15		减6针
14	18	无减针
13		减6针
12	24	无减针
11		减6针
10	30	无减针
9		减6针
8	36	无减针
7		减6针
6	42	无减针
5		减6针
4	48	无减针
3		减6针
2	54	无减针
1		减6针

底部 ★

重复5次★部分

环

2

10

20

底部的针数表

行	针数	加针方法
20	120	
19	114	
18	108	
17	102	
16	96	
15	90	
14	84	
13	78	
12	72	每行加6针
11	66	
10	60	
9	54	
8	48	
7	42	
6	36	
5	30	
4	24	
3	18	
2	12	
1	6	

P31　横条纹托特包

A = 灰色 + 柠檬黄色　**B =** 蓝绿色 + 紫色

〈 材料和工具 〉

线 ——— HAMANAKA eco-ANDARIA 棉草线　A 灰色（148）110g、柠檬黄色（11）80g
　　　　　　　　　　　　　　　　　　　　B 蓝绿色（68）110g、紫色（160）80g

针 ——— 10/0号钩针、缝合针

钩织密度 —— 短针（圈钩）边长10cm的正方形　11.5针×13.5行

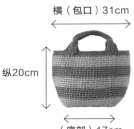

横（包口）31cm

纵20cm

（底部）17cm
侧围宽12cm

尺寸图

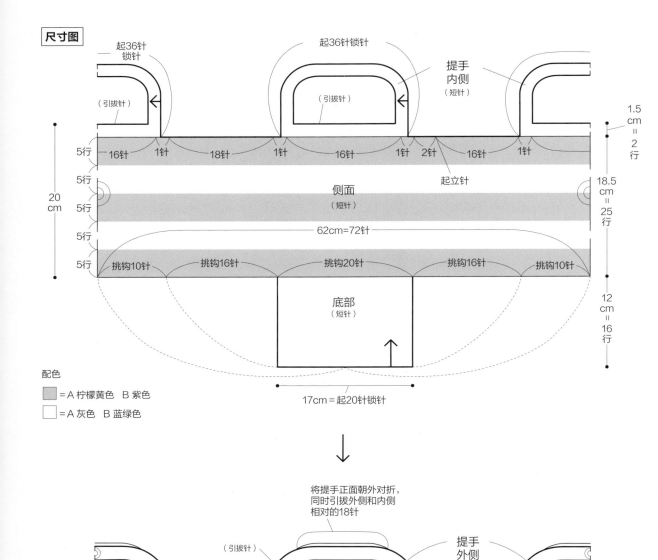

配色
■ = A 柠檬黄色　B 紫色
□ = A 灰色　　　B 蓝绿色

58

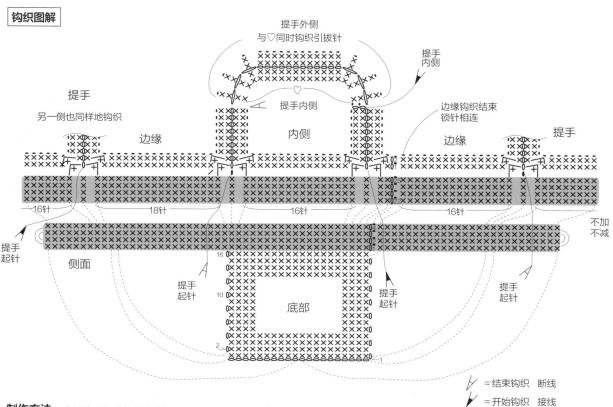

钩织图解

提手外侧
与♡同时钩织引拔针

提手
内侧

提手
另一侧也同样地钩织

边缘

提手内侧

内侧

边缘钩织结束
锁针相连

边缘

提手

16针   18针   16针   16针   不加
不减

提手
起针

侧面

提手
起针

提手
起针

提手
起针

16

底部

10

2   1

↗ = 结束钩织   断线

↗ = 开始钩织   接线

制作方法   线为同色双股，按指定配色钩织。

1. 从底部开始钩织。起20针锁针，短针往
返片钩16行。

2. 接着钩织侧面。从底的四周挑钩72针，
圈钩25行短针，停下暂不钩。

3. 钩织提手的起针。侧面接新线，钩织36
针锁针，引拔在指定的位置上。

4. 钩织提手内侧。从起针处开始如图所示
进行挑钩。减针圈钩2行短针，最后钩
一圈引拔针。

5. 另一侧的提手内侧钩织方法与步骤3、4
相同。

6. 钩织边缘和提手外侧。用步骤2停下不
钩的线钩织一圈引拔针。此时，将提手
正面朝外对折，对齐外侧和内侧中间相
应的18针针脚，同时入针引拔。

基础编织方法

钩针编织

[起针]

绕线成环的方法（绕2圈）

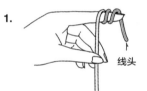

1. 线头

2. 从手指上取下线圈

3. 钩织锁针起立针

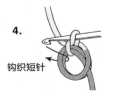

4. 钩织短针

5. 稍稍抽拉

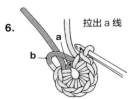

6. 拉出a线

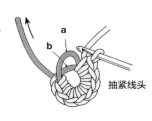

7. a b 抽紧线头

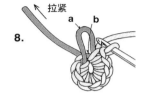

8. 拉紧 a b

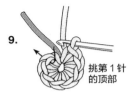

9. 挑第1针的顶部

10. 挂线引出

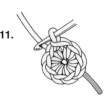

11.

[包钩线绳]

重复步骤3、4钩织所需针数。钩至完全看不出包裹在中间的线

1.

2.

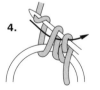

3.

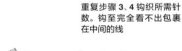

4.

5.

6.

[钩针编织符号]

锁针

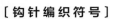

1.

2.

3.

4.

引拔针

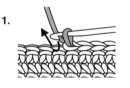

1.

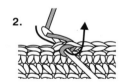

2.

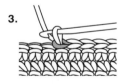

3.

短针

1.  **2.** 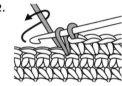 **3.**  **4.**

短针1针分2针

1.

2.

在同一针脚内钩织2针短针

短针1针分3针

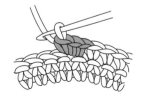

短针2针并1针

1.

与钩短针同样方式带线出来，并在下一针脚内入针

2.
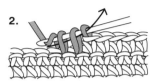

同样地带线出来，一次性从2个线圈中带出线

3.

中长针

1. 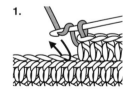 **2.** 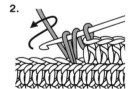 **3.** 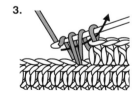 **4.**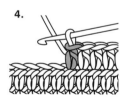

中长针1针分2针

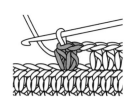

在同一个针脚内钩出2针中长针

中长针2针并1针

1.
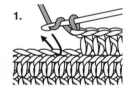

2. 第1针

3. 第2针
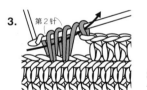

将2针的线圈一并带出钩织

4.

中长针3针并1针

1.

2.

3.

4.

将3针的线圈一并带出钩织

中长针3针的枣形针

1.

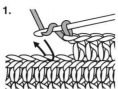

针上挂线,按中长针的要领将线带出

2.

3.

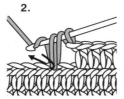

4.

5.

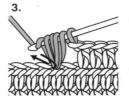

在同一针脚内将3针线圈一并带出钩织

长针

1.

3针锁针的起立针

2.

3.

4.

5.

6.

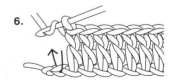

长针1针分2针

1.

2.

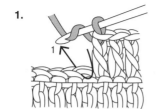

3.

4.

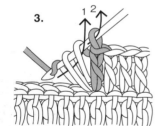

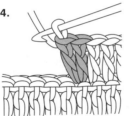

在同一个针脚内钩织2针长针

[换线方法]

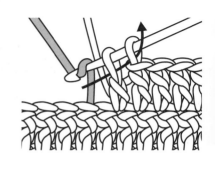

在钩到换线前一针最后要将线引拔带出时,将接下去要钩织的线挂在钩针上引拔带出。线不够长需接线时也按同样的方法钩织。

[缝合]

锁针相连

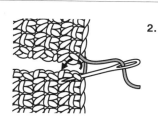

卷缝

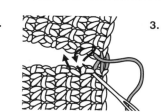

挑缝

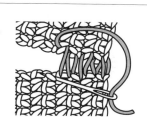

棒针编织

[棒针编织符号]

下针（正针）

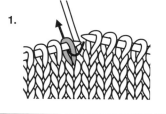  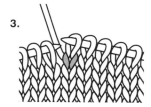

上针（反针）

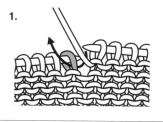 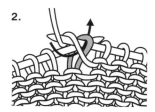 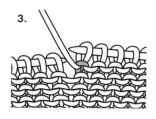

伏针

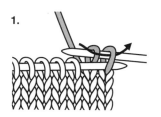 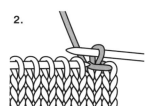 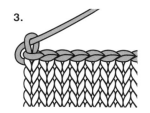

奥铃奈（Rena Oku）

还是小学生时，奥铃奈因加入了手工部，而对手工产生了浓厚的兴趣。在此之后，又学习了编织及缝纫等手工艺。现在，以编织制作、销售麻绳包为主业，同时也参与为杂志社提供作品，出展市集等方面的活动。从2017年开始每月都会举办编织物沙龙。

原文书名：SUMMER knit bag
原作者名：奥铃奈（Rena Oku）
SUMMER knit bag by Rena Oku
Copyright © R*oom, 2018
All rights reserved.
Original Japanese edition published by SHUFU TO SEIKATSU SHA CO.,LTD.
Simplified Chinese translation copyright © 2022 by China Textile & Apparel Press
This Simplified Chinese edition published by arrangement with SHUFU TO SEIKATSU SHA CO.,LTD., Tokyo, through HonnoKizuna, Inc., Tokyo, and Shinwon Agency Co. Beijing Representative Office, Beijing

本书中文简体版经日本主妇与生活社授权，由中国纺织出版社有限公司独家出版发行。本书内容未经出版者书面许可，不得以任何方式或任何手段复制、转载或刊登。

著作权合同登记号：图字：01-2022-5650

图书在版编目（CIP）数据

百搭简约风手编包／（日）奥铃奈著；虎耳草咩咩译. -- 北京：中国纺织出版社有限公司，2022.12
书名原文：SUMMER knit bag
ISBN 978-7-5180-9890-3

Ⅰ.①百… Ⅱ.①奥… ②虎… Ⅲ.①包袋－钩针－编织－图集 Ⅳ.①TS941.75

中国版本图书馆CIP数据核字（2022）第180512号

责任编辑：刘 婧　　　特约编辑：夏佳齐
责任校对：高 涵　　　责任印制：王艳丽

中国纺织出版社有限公司出版发行
地址：北京市朝阳区百子湾东里 A407 号楼　邮政编码：100124
销售电话：010—67004422　传真：010—87155801
http://www.c-textilep.com
中国纺织出版社天猫旗舰店
官方微博 http://weibo.com/2119887771
北京雅昌艺术印刷有限公司印刷　各地新华书店经销
2022 年 12 月第 1 版第 1 次印刷
开本：787×1092　1/16　印张：4
字数：108 千字　定价：52.00 元

凡购本书，如有缺页、倒页、脱页，由本社图书营销中心调换